BEI GRIN MACHT SICH IHR WISSEN BEZAHLT

- Wir veröffentlichen Ihre Hausarbeit, Bachelor- und Masterarbeit

- Ihr eigenes eBook und Buch - weltweit in allen wichtigen Shops

- Verdienen Sie an jedem Verkauf

Jetzt bei www.GRIN.com hochladen und kostenlos publizieren

Matthias Jüttner

Bodenwasser in seiner räumlichen und zeitlichen Variabilität

GRIN Verlag

Bibliografische Information der Deutschen Nationalbibliothek:

Die Deutsche Bibliothek verzeichnet diese Publikation in der Deutschen National-
bibliografie; detaillierte bibliografische Daten sind im Internet über http://dnb.d-
nb.de/ abrufbar.

Impressum:

Copyright © 2006 GRIN Verlag, Open Publishing GmbH
Druck und Bindung: Books on Demand GmbH, Norderstedt Germany
ISBN: 978-3-640-84436-4

Dieses Buch bei GRIN:

http://www.grin.com/de/e-book/167730/bodenwasser-in-seiner-raeumlichen-und-
zeitlichen-variabilitaet

GRIN - Your knowledge has value

Der GRIN Verlag publiziert seit 1998 wissenschaftliche Arbeiten von Studenten, Hochschullehrern und anderen Akademikern als eBook und gedrucktes Buch. Die Verlagswebsite www.grin.com ist die ideale Plattform zur Veröffentlichung von Hausarbeiten, Abschlussarbeiten, wissenschaftlichen Aufsätzen, Dissertationen und Fachbüchern.

Besuchen Sie uns im Internet:

http://www.grin.com/

http://www.facebook.com/grincom

http://www.twitter.com/grin_com

Universität Augsburg
Institut für Geographie
Datum: 13.11.2006

Hausarbeit im HS "Ausgewählte Themen der Hydrologie"

-

WS 2006/07

-

Bodenwasser

in seiner räumlichen und zeitlichen Variabilität

Matthias Jüttner
Diplom Geographie
Fachsemester: 7

Inhaltsverzeichnis:

<u>Einführung</u>

In einem Bodenkörper tritt Wasser in verschiedenen Verteilungen auf und es bewegt sich je nach Zustand auch auf verschiedenste Arten. Grundlegend kann man zwei mit Wasser erfüllte Bereiche im Boden voneinander abgrenzen. Im phreatischen Bereich sind die Bodenhorizonte dauerhaft vollständig von Wasser erfüllt und die Bewegung folgt dem Gefälle in Richtung eines tiefsten Punktes, etwa zu einem Gerinne oder einer Wasserfläche hin. Man spricht dann vom Grundwasser, welches jedoch nicht Teil dieser Arbeit sein soll. Der Aufsatz behandelt vielmehr die Bodenbereiche die nicht dauerhaft von Wasser durchsetzt sind, den sog. vadosen Bereich. Die Bewegungen erfolgen hier nicht nur als Folge der Schwerkraft sondern sind maßgeblich von verschiedenen Bindungskräften und Potenzialgradienten beeinflusst. Die Arten der Wasserbindung und das Potenzialmodell des Bodenwassers werden in Teil I und II genauer behandelt.

Je nach Wasserhaushalt im Boden finden Ortsveränderungen auf unterschiedliche Weise statt, je nachdem ob das Bodenwasser überwiegend in dampfförmiger Phase vorherrscht oder die Bewegung in flüssiger Phase abläuft. Im Fall von flüssiger Wasserbewegung kann noch differenziert werden ob die Bodenporen vollständig mit Wasser ausgefüllt sind oder ob diese noch lufterfüllte Bereiche aufweisen, man unterscheidet also zwischen gesättigter und ungesättigter Wasserbewegung. In der Dampfphase ist die Bewegung stets ungesättigt. Inhomogenitäten im Bodenprofil führen außerdem zu Veränderungen im gleichmäßigen Wasserfluss, je nachdem wie sich die Wasserleitfähigkeit der überlagernden Horizonte unterscheidet.

Die Gesamtbetrachtung des Bodenwassers erfolgt abschließend im letzten Teil der Arbeit. Je nach Form der Zuflüsse und Verluste von Wasser in den Boden ergibt sich ein Jahresgang des Bodenwasserhaushalts wobei sich aride von humiden Erdteilen stark unterscheiden, ausgehend von den unterschiedlichen Zuständen und Bewegungsformen des Wassers im Boden. Zunächst ist jedoch wichtig sich vor Augen zu führen wie Wasser überhaupt entgegen der Schwerkraft im Boden gehalten bzw. bewegt werden kann.

I. Bindungsarten des Wassers im Boden

Dringt Wasser in den Boden ein stößt bei ausreichender Menge ein Teil davon als Sickerwasser bis zum Grundwasserspiegel vor. Das Wasser welches in der Bodenmatrix oberhalb des Grundwassers verbleibt wird als Haftwasser bezeichnet. Dieses entgegen der Schwerkraft gehaltene Wasser wird entweder durch Kapillarwirkung im Bodenporensystem hervorgerufen oder das Wasser wird als Adsorptionswasser an einzelne Bodenpartikel gebunden.

a. Adsorptionswasser

Adsorption wird durch molekulare oder elektrische Bindung der Wasserdipole an die Bodenteilchen hervorgerufen. Das Bodenmaterial kann dabei noch erhebliche Mengen Wasser enthalten, fühlt sich jedoch vollkommen trocken an weil die Wasserhüllen um die einzelnen Partikel nur etwa 1nm Schichtdicke aufweisen. Bei der Bindung kann ein Temperaturanstieg im Boden gemessen werden der dadurch zustande kommt dass die kinetische Energie die das Wasser aufweist wenn es sich zum Bodenmaterial hin bewegt im Moment der Adsorption als Benetzungswärme frei wird. Diese Bindungsenergie muss dem Boden als Wärmeenergie wieder zugeführt werden um Wasser zu entfernen, also um das Substrat wieder zu trocknen (SCHEFFER/SCHACHTSCHABEL 2002).

Um nun Wasser vollständig von der Bodenmatrix abzulösen muss die Bindungsenergie am Teilchen den Wert Null annehmen, demzufolge werden die Energiebeträge bei der Adsorption negativ. Der Wassergehalt eines Bodens variiert mit der Korngrößenverteilung der Matrix und der Art der vorherrschenden Bodenbestandteile. Feinkörnige Böden (Tone) können mehr Wasser binden da die einzelnen Teilchen eine größere Gesamtoberfläche bieten an denen Wasser anhaften kann. Außerdem können die in Tonböden in stärkerem Maße enthaltenen Tonminerale durch Ionenaustausch zusätzlich Wasser binden (Quellung).

Neben Bodeneigenschaften spielt der Wasserdampfdruck der umgebenden Luft eine entscheidende Rolle. Dieser ist direkt über der Grundwasseroberfläche nahezu gesättigt und nimmt mit wachsendem Abstand dazu ab. Steigt der Wasserdampfgehalt der Bodenluft jedoch an, wird aus ihr zusätzlich Wasser an Bodenteilchen angelagert bis ein Gleichgewicht eingestellt ist. Auf diese Weise im Boden gebundenes Wasser wird als hygroskopisches Wasser bezeichnet.

Beim Adsorptionswasser können zwei Bindungsformen unterschieden werden, je nachdem ob Moleküle der beteiligten Medien miteinander interagieren oder sich Ionen der Stoffe aufgrund unterschiedlicher Ladungen anziehen. Die molekulare Bindung des Wassers wirkt über eine kurze Distanz und entsteht durch die Bindung der Wasserdipole mit den O-Atomen der festen Bodenoberfläche. Dabei sind die Molekularkräfte zwischen Bodenteilchen und Wasser (Adhäsion) größer als die innere molekulare Bindung zwischen den Dipolen des Wassers (Kohäsion). Die Wassermoleküle im Inneren weisen in alle Richtungen gleiche Molekularkräfte auf und heben sich somit auf, an der Grenzfläche zwischen Wasser und Luft sind diese jedoch ins Innere des flüssigen Mediums gerichtet und bedingen so die Oberflächenspannung des Wassers. Je stärker nun die Adhäsionskräfte zwischen fester Bodenoberfläche und Wasser wirken desto geringer wird seine Oberflächenspannung, und desto stärker haftet das Wasser am Bodenteilchen (Abb.1 - links). Medien mit sehr hoher Oberflächenspannung, wie z.B. Quecksilber, haben eine große innere Bindung die nur schwer durch Adhäsionskräfte überwunden werden kann. Ein Tropfen behält daher auch beim Kontakt mit festen Oberflächen meist seine Form ohne sie zu benetzen (Abb.1 - rechts).

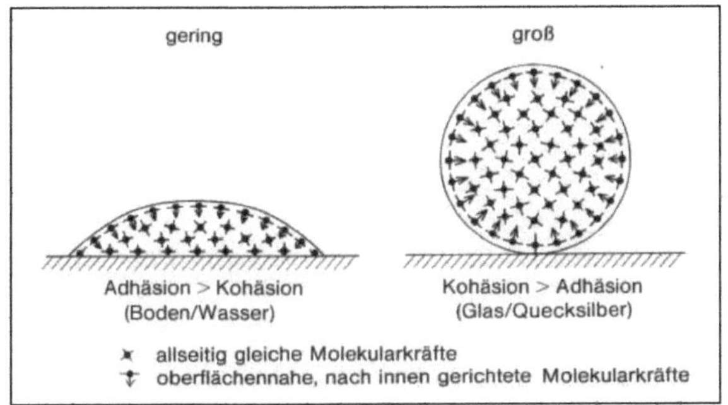

(Abb.1: Oberflächenspannung - Quelle: Kuntze/Roeschmann/Schwerdtfeger 1994, 165)

Eine weitere Form der adsorptiven Bindung entsteht durch Ionenbindung zwischen verschieden geladenen Ionen des Wassers mit Gegenionen der festen Bodenoberfläche. Dies sind überwiegend negativ geladene Bodenpartikel wie etwa Tonminerale oder Metalloxide die mit den positiv geladenen H-Ionen des Wassers eine Bindung eingehen. Auch hierbei muss die Adhäsion zwischen Wasser und Boden größer sein als die innere Kohäsion des Wassers. Die Wasserdipole sind um das Bodenteilchen gleichmäßig ausgerichtet und die Bindungsenergie ist größer als bei der molekularen Adsorption. Mit wachsendem Abstand zum Festkörper nimmt diese Bindungsenergie ab, und auch die geordnete Ausrichtung der Dipole gerät mehr und mehr durcheinander. Wie in Abbildung 2 zu sehen ist können drei

Bindungsbereiche unterschieden werden. Das sehr stark gebundene Schwarmwasser, das darum angeordnete hygroskopische Wasser und die die Einheit der äußeren Bereiche mit weiter abnehmender Bindung bis zum Wert Null. Nur die äußersten Schichten der Wasserhüllen um die Teilchen sind so schwach gebunden um von Pflanzenwurzeln von diesen abgelöst zu werden (pflanzenverfügbar).

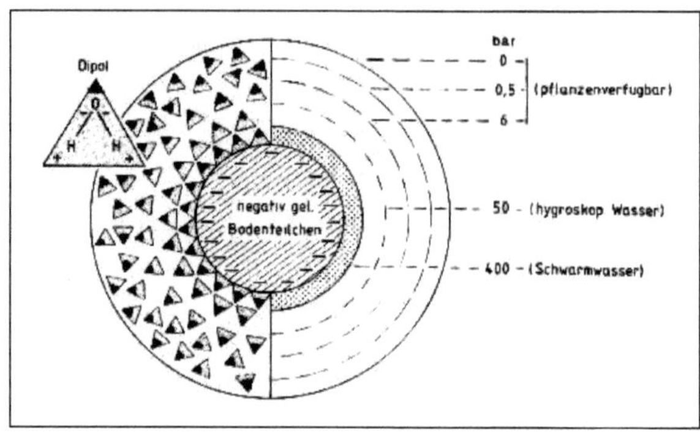

(Abb.2: Ionenbindung an einem Bodenteilchen - Quelle: Kuntze/Roeschmann/Schwerdtfeger 1994, 163)

b. Kapillarwasser und kapillare Hysterese

Die Wasserbindung an einzelnen Bodenkolloiden ist nicht allein für den Verbleib von Haftwasser im Boden verantwortlich. Im Komplex berühren sich die Teilchen und das adsorptive Wasser schließt sich in den Winkeln der Berührungsstellen als Manschetten- bzw. Porenwinkelwasser zusammen (Abb.3 - 2). Das Wasser krümmt sich an der Grenzschicht zur Bodenluft unter Wirkung der Oberflächenspannung zu einem Meniskus, der Dampfdruck wird erniedrigt und es muss höhere Energie aufgewendet werden um es zu entfernen. Die Krümmung der Menisken variiert mit dem Wassergehalt des Bodens. Steigt dieser an werden sie flacher und die Oberflächenspannung nimmt ab, bei sinkendem Wassergehalt krümmen sie sich immer mehr und die Spannung an der Oberfläche steigt an. Weiteren Wasserverlusten an die Luft soll damit entgegengewirkt werden. Berühren sich die Teilchen so dass Hohlräume dazwischen umschlossen werden kann man sich vereinfacht die Entstehung von Kapillaren vorstellen. Das Porenwinkelwasser erfüllt den gesamten Porenraum als Kapillarwasser oder auch Porensaugwasser (Abb.3 - 3).

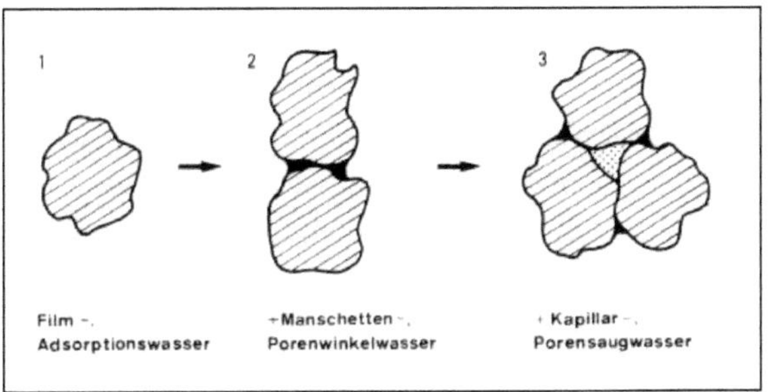

(Abb.3: Wasserbindung an Bodenkörner - Quelle: Kuntze/Roeschmann/Schwerdtfeger 1994, 163)

Wie bei der Adsorption wirkt auch in den Kapillaren die Adhäsion zwischen dem flüssigen und dem festen Medium stärker als die Kohäsion des Wassers. An der Wasseroberfläche des kapillaren Wassers bildet sich ein konkaver Meniskus aus, und es wird in der Kapillare entgegen der Schwerkraft gehalten. Die Wirkung dieses Kräfteunterschieds, die zum Aufsteigen oder Absinken des Wassers in der Kapillare führt, ist ihre jeweilige Kapillarität. Sie wird von inneren Faktoren, wie etwa Wasserangebot, beeinflusst, jedoch auch von äußeren Wirkungen wie beispielsweise dem herrschenden Luftdruck (Abb.4).

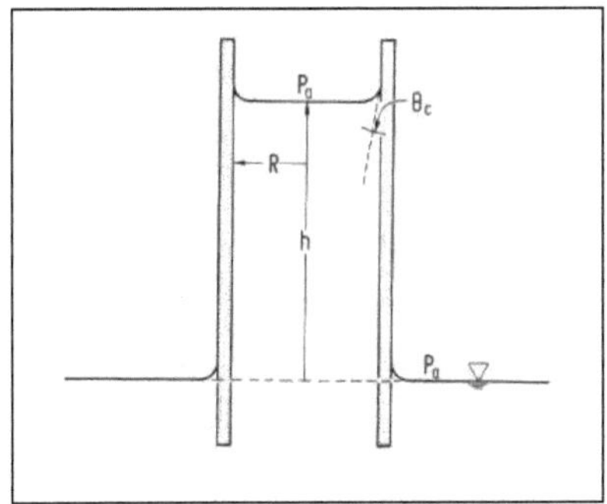

(Abb.4: Kapillarwirkung - R=Radius, h=Höhe, Pa=Luftdruck - Quelle: Baumgartner/Liebscher 1996, 61)

Die maximale Steighöhe kann mit der Formel $h = 2 \cdot \sigma / \rho \cdot R \cdot g$ ausgedrückt werden, wobei σ = Oberflächenspannung, ρ = Wasserdichte, R = Kapillarradius und g = Schwerebeschleunigung (BAUMGARTNER/LIEBSCHER 1996). Entscheidend ist hier der Kapillarradius im Nenner der Gleichung. Nimmt er ab steigt der Wert für **h**, das Bodenwasser kann in einem Porensystem mit kleineren Porendurchmessern also höher ansteigen als in einem groben Netz von Bodenporen. Dies macht sich unmittelbar in den Bereichen über der

Grundwasseroberfläche bemerkbar wo der kapillare Aufstieg durch das Wasserangebot von unten am stärksten ist. Daher wird diese Zone auch als Kapillarsaum oder Kapillarzone bezeichnet. Bei Schwankungen des Grundwasserspiegels verändert sich auch die Ausprägung dieser Zone. Eine Kapillare im Boden hat keinen gleichmäßigen Radius, sie ist streckenweise weiter und verengt sich an anderer Stelle wieder. Sinkt nun der Grundwasserspiegel ab wird das gleichmäßige Absinken in der Kapillare an den Engpässen durch die höhere kapillare Wirkung behindert, und die Schicht des Kapillarsaums wird breiter. Umgekehrt ist das beim Grundwasseranstieg der Fall. Die weiten Bereiche in der Kapillare hindern das Wasser am gleichmäßigen Aufstieg und der Kapillarsaum wird sozusagen gestaucht. Dieses Phänomen bezeichnet man als kapillare Hysterese.

Um eine Bodenprobe von Wasser zu befreien kann man sie einem Druck aussetzten der soweit erhöht wird bis die Probe vollständig entwässert ist. Den jeweiligen Drücken kann man nun die korrespondierenden Porenvolumina zuordnen die entwässert wurden. Die Bindungsenergie des Wassers im Boden die unter Druck überwunden werden muss ist die jeweilige Wasserspannung. Der Druckbereich zur Entwässerung liegt zwischen 0 und 1,5 MPa, er wird jedoch zur Vereinfachung als sog. pF-Wert angegeben. Dies ist der dekadische Logarithmus einer Wassersäule die dem jeweiligen Druck entspricht (WILHELM 1997). Je nach Porenvolumen und -verteilung entsprechen verschiedene pF-Werte auch verschiedenen Wassergehalten im Boden. Die Werte geben keine Auskunft über die Art der Bindung des Wassers im Boden, es lässt sich jedoch feststellen dass mit steigendem Wassergehalt der Einfluss der kapillaren Bindung gegenüber der Adsorption ebenfalls ansteigt, bei sinkendem Wassergehalt jedoch die adsorptive Bindung überwiegt. Auf die Wirkung der Wasserspannung wird bei der Erläuterung des Potenzialmodells der Wasserbindung im folgenden Teil noch genauer eingegangen.

II. Wasserpotenzialmodell und Wasserspannungskurve

Die im vorhergehenden Abschnitt beschriebenen Bindungsenergien sind zusammen mit von außen wirkenden Kräften dafür verantwortlich dass sich Wasser im Boden nicht in ständigem Gleichgewicht befindet sondern dass Bewegungen stattfinden. Aussagen über Größe, Richtung und die Ausgangspunkte dieser Bewegungsenergien sind jedoch quantitativ kaum zu erfassen da im Boden viele unüberschaubare Faktoren zusammenkommen und die Bewegung beeinflussen. Man beschreibt die Kräfte die auf das Wasser einwirken daher als die Arbeitsfähigkeit dieser Kräfte die im Wasser als Energie gespeichert sind. BUCKINGHAM (1907) setzte als erster den Begriff des Potenzials in der Bodenkunde als die Arbeit fest, die nötig ist um eine bestimmte Menge Wasser von einem Ausgangspunkt zu einem Bezugspunkt zu transportieren. Das Gesamtpotenzial Ψ des Wassers ist die Summe aller Teilpotenziale, die für die Wasserbewegung im Boden wichtigsten sind das Gravitationspotenzial Ψ_z und das Matrixpotenzial Ψ_m. Ihre Summe wird als hydraulisches Potenzial Ψ_H bezeichnet. Im Gleichgewichtszustand des Bodenwassers hat Ψ_H den Wert 0, es findet also keine Bewegung statt. Äußere Einflüsse führen dem System Energie zu und bringen es aus dem Gleichgewicht. Die beteiligten Teilpotenziale ändern ihre Werte und es entsteht ein Kräftegradient vom Punkt des höheren Potenzials zum Punkt des niedrigeren, es setzt eine Bewegung des Wassers ein bis das Gleichgewicht wieder hergestellt ist. Gravitations-, Matrix- und hydraulisches Potenzial und ihre Beziehung zueinander sowie zum Wassergehalt im Boden sind in Abbildung 5 graphisch dargestellt und werden im Folgenden noch genauer erläutert.

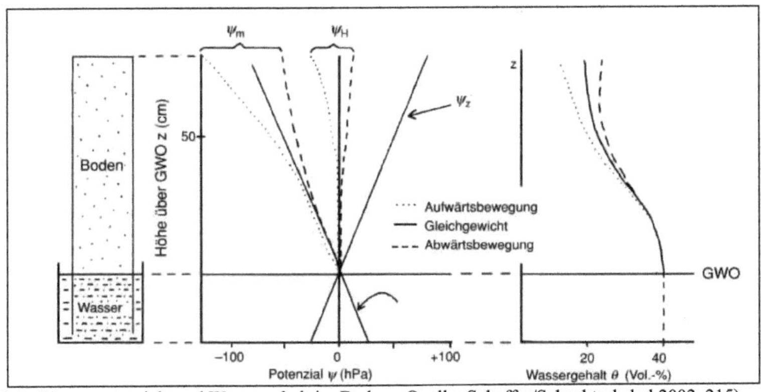

(Abb.5: Wasserpotenziale und Wassergehalt im Boden - Quelle: Scheffer/Schachtschabel 2002, 215)

a. Gravitationspotenzial Ψz

Das Gravitationspotenzial Ψz beschreibt die Arbeit die nötig ist um eine Wassermenge von einer freien Wasserfläche auf eine Bezugshöhe anzuheben. Die Formel für dieses Potenzial im Boden ist $\Psi = m \cdot b \cdot h$, mit m = Masse des Wassers, b = Beschleunigung und h = Höhe über dem Bezugsniveau (SCHEFFER/SCHACHTSCHABEL 2002). Im Boden ist diese Bezugsfläche die Grundwasseroberfläche, das Gravitationspotenzial entspricht demnach dem Druck der von der über ihr stehenden Wassersäule ausgeübt wird. Die Beschleunigung durch Ψz entspricht im Gelände der Schwerebeschleunigung der Erde. Der Gradient des Gravitationspotenzials ist stets in Richtung des Grundwassers gerichtet. Sein Betrag ist konstant und nimmt mit steigendem Abstand von der Grundwasseroberfläche zu so wie es der Zunahme der potenziellen Energie des Wassers mit steigender Höhe entspricht. Die Werte von Ψz sind demnach immer positiv.

b. Matrixpotenzial Ψm

Genau gegensätzlich verhält es sich beim Matrixpotenzial. Es ist die Bindungsenergie die durch Adsorption und Kapillarkräfte dem Gravitationspotenzial entgegenwirkt und Wasser in der Bodenmatrix festhält bzw. dazu führt dass Wasser von der Grundwasseroberfläche in den Boden hineingezogen wird. Der Potenzialgradient ist in diesem Fall in Richtung der Bodenoberfläche gerichtet. Da zur Überwindung der Bindungskräfte und zum Auslösen der Steigbewegung Energie zugeführt werden muss nimmt Ψm stets negative Werte ein. Bei abnehmendem Wassergehalt steigt die Wirkung des Matrixpotenzials an, sein Wert wird also mit zunehmendem Abstand von der Grundwasseroberfläche negativer (Abb5). Veränderungen von Ψm wirken sich direkt auf das hydraulische Potenzial aus.

c. hydraulisches Potenzial ΨH

Aus der Formel für dieses Teilpotenzial $\Psi H = \Psi z + \Psi m$ wird ersichtlich dass sich bei gleichen Beträgen der wirkenden Potenziale ein Gleichgewicht, also der Wert Null einstellt. Wird dem Bodensystem Energie zugeführt, beispielsweise durch Erwärmen der Bodenmatrix, wird der Einfluss des Matrixpotenzials durch sinkende Wassergehalte immer stärker, sein Wert also negativer. Das hydraulische Potenzial verschiebt sich dann vom Gleichgewichtszustand in den Bereich $\Psi H < 0$. Die Folge davon ist dass der Kräftegradient des Potenzials in Richtung der Bodenoberfläche gerichtet ist, das Bodenwasser also so lange aufsteigt bis wieder ein gleichmäßiges hydraulisches Potenzial eingestellt wurde. Die

Erhöhung des Matrixpotenzials ist demnach die treibende Kraft für aufsteigende Wasserbewegungen in den ungesättigten Porenbereichen der Bodenmatrix.

Steigt das Wasserangebot an nimmt die Wirkung des Matrixpotenzials ab und die Gravitation wird zur treibenden Kraft der Wasserbewegung. Der Wert von Ψ_H verschiebt sich in diesem Fall ins positive ($\Psi_H > 0$), eine Bewegung in Richtung der Grundwasseroberfläche setzt ein und die im Wasser enthaltene potenzielle Energie wird dabei so lange abgegeben bis sich wieder ein energetisches Gleichgewicht eingestellt hat. Die Veränderungen des Matrixpotenzials, und damit die durch Verschiebung des hydraulischen Potenzials bedingten Wasserbewegungen, stehen in engem Zusammenhang mit Veränderungen des Wassergehalts im Boden. Die Beziehung zwischen Ψ_m und dem Wassergehalt des Bodens kann in Wasserspannungskurven für verschiedene Bodenarten dargestellt werden.

d. Wasserspannungskurve

In einem Boden herrschen je nach Wassersättigung verschieden starke Wasserspannungen bzw. Matrixpotenziale. Die zugehörigen pF-Werte entsprechen dem dekadischen Logarithmus des Drucks der nötig ist um eine Bodenprobe bis zu einem bestimmten Grad zu entwässern.

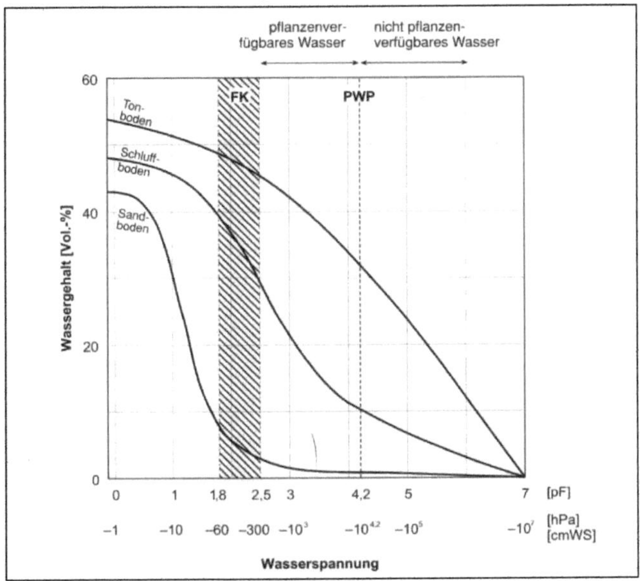

(Abb.6: Wasserspannungskurven verschiedener Bodenarten – Quelle: Scheffer/Schachtschabel 2002, 216)

Ist ein Boden vollständig mit Wasser gesättigt herrscht ein Wert von pF 0 da hier ausschließlich die Schwerkraft (Ψz) auf das Wasser einwirkt. Bis zu einem pF-Wert von 1,8 fließt das Wasser aus der Bodenprobe heraus, bei höheren Werten wirkt schließlich die Matrix bindend und das Wasser wird gegen die Schwerkraft im Boden gehalten. Der Bereich von pF 1,8 bis 2,5 wird Feldkapazität (FK) genannt und stellt die Bindungsenergie dar bei der das je nach Bodenart enthaltene Wasser gerade noch im Bodenkörper festgehalten werden kann ohne aus ihm heraus zu laufen. Die Wasserabnahme im Bereich bis pF 4,2 ist geringer und wird zusätzlich von äußeren Einflüssen bedingt wie etwa Verdunstung durch Wärmezufuhr, hygroskopische Anlagerung an Bodenteilchen oder den Entzug des Wassers durch Pflanzenwurzeln. Da bei Werten von pF 1,8 – 4,2 die maximale Nutzbarkeit für Pflanzen gegeben ist ohne dass Wasser von selbst aus dem Boden fließt wird dieser Bereich auch nutzbare Feldkapazität (nFK) genannt. Der Punkt bei pF 4,2 stellt eine Obergrenze für die Nutzbarkeit des Bodenwassers dar. Die Bindung in der Bodenmatrix ist dann so stark dass Pflanzenwurzeln den nötigen Druck nicht mehr aufbringen können um es aus den Bodenporen heraus zu lösen und die Pflanzen auf Böden mit derart hohen Wasserspannungen verwelken. Der Wert pF 4,2 wird demnach als permanenter Welkepunkt (PWP) bezeichnet, das Wasser welches in Bereichen von pF > 4,2 gebunden ist als Totwasser.

Verschiedene Bodenarten haben bei gleichen Wasserspannungswerten unterschiedliche Wassergehalte (Abb.6). Das Wasserspeicherungsvermögen bei bestimmten pF-Werten hängt in erster Linie von der Korngrößenverteilung der Bodenmatrix ab. Vor allem bei niedrigen Wasserspannungen fällt auf, dass ein Boden umso mehr Wasser halten kann je kleiner seine Körnung ist, demnach ist der Wasserverlust bei Sandböden bis zur Feldkapazität auch erheblich höher als etwa bei Tonböden. Mit steigendem Tonanteil wächst die Gesamtoberfläche der Bodenteilchen an welchen Wasser durch Adsorption gebunden werden kann. Bei feinerer Körnung ist das Material auch dichter gelagert und die Porenvolumina zwischen den Bodenkolloiden sind geringer als bei überwiegend grobkörnigen Böden. Anders betrachtet kann man sagen dass aus den gleichen Gründen bei gleichen Wassergehalten die jeweiligen Wasserspannungen (pF-Werte) stark variieren, je kleiner die Korngröße desto höher die pF-Werte. Verschiedene Bodenarten fühlen sich deshalb bei gleichen Wassergehalten auch unterschiedlich feucht an.

Zusätzlich zur Bodenart hat auch das Bodengefüge starken Einfluss auf den Wassergehalt. So können Böden mit gleicher Körnung bei variierenden Wasserspannungen je nach Porengrößenverteilung auch unterschiedliche Wassergehalte aufweisen. Besonders deutlich wird dies bei Tonböden die stark quellfähige Tonminerale enthalten. Durch die Quellung wandeln sich Grobporen, welche weniger Wasserbindung aufweisen, in Mittel- und Feinporen mit stärkerem Bindungsvermögen um. Durch Quellungs- und Schrumpfungsvorgänge kann so das Wasserspeichervermögen kurzfristig stark verändert werden.

Wasserbindung, Potenziale und die Bodeneigenschaften bedingen und beeinflussen auf verschiedenste Weise die Bewegungen des Wassers innerhalb des Bodenkörpers. Besondere Beachtung muss dabei der vorhandenen Wassermenge und dem Phasenzustand des vorhandenen Wassers beigemessen werden. Im Folgenden werden die Wasserbewegungen nach Dampf- bzw. Flüssigphasenbewegung und nach Wassersättigung des Bodens unterschieden.

III. Wasserbewegung im Boden

Das Bodenwasser ist nicht nur in flüssiger Form an Bodenteilchen oder in Kapillaren gebunden sondern ist in nicht vollständig mit Wasser erfüllten Kapillarsystemen auch in der zwischen den festen Teilchen eingeschlossenen Bodenluft als Wasserdampf gelöst. Je nach Wasserangebot durch anstehendes Grundwasser oder klimatischen Faktoren wie Niederschläge und Sonneneinstrahlung kommt es demnach zu Wasserbewegungen die sowohl in der Gasphase als auch im flüssigen Zustand vonstatten gehen.

a. Wasserbewegung in gasförmiger Phase

Im Gleichgewichtszustand, also wenn keine Bewegung stattfindet, herrscht nahezu Wassersättigung in der Bodenluft. Das Dampfdruckgefälle zwischen Bodenluft und gebundenem Wasser ist vernachlässigbar klein. Wird nun der Dampfdruck der Bodenluft erhöht entsteht ein Potenzialgradient von den Bereichen höheren zu den Bereichen niedrigeren Dampfdruckes, der Wasserdampf diffundiert auf diese Weise durch die Bodenmatrix. Ein Dampfdruckgefälle kann auf verschiedenen Wegen entstehen, einmal durch starke Adsorption an Bodenteilchen und Meniskenkrümmung in Porenwinkeln, und zum anderen durch unterschiedliche Temperaturen in verschiedenen Bereichen des Bodenkörpers.

Über einer gekrümmten Wasseroberfläche wie etwa im Bereich des Porenwinkelwassers ergibt sich ein deutlicher Potenzialgradient jedoch erst bei Wasserspannungen jenseits des PWP. Der Boden muss also schon sehr stark ausgetrocknet sein um eine Kondensation von Wasserdampf aus der Bodenluft und ein Niederschlagen dessen an den Bodenteilchen möglich zu machen. Diese Form der Wasserdampfbewegung ist also nur in ariden Gebieten mit stark ausgetrockneten Böden von Bedeutung.

Viel stärkeren Einfluss haben Temperaturunterschiede in benachbarten Bodenbereichen. Es findet ein ständiger Gasaustausch statt, ausgelöst durch periodische Temperaturänderungen im Tages- und Jahresgang. Besonders deutlich wird dies bei der Evaporation, also der Abgabe von Wasserdampf in die Atmosphäre an der Bodenoberfläche. Die direkte Sonneneinstrahlung erwärmt die Bodenluft und der herrschende Dampfdruck steigt an, ein Dampfdruckgefälle zur atmosphärischen Luft entsteht. Das Wasser im Oberbodenbereich verdunstet nun in bodennahe Luftschichten. Bei konstanter Bodenwärme und stetigem Anstieg des Wasserdampfgehalts in der atmosphärischen Luft würde sich irgendwann ein Gleichgewicht zwischen Bodenluft und der äußeren Luftschicht einstellen, die Evaporation würde dann stoppen. Das verdunstete Wasser wird jedoch durch Wind schnell abtransportiert und somit der Dampfdruck über der Bodenoberfläche niedrig gehalten. Deutlich wird dies in der Formel für die Evaporation $E = f(u)(es - e)$. Dabei ist (es - e) das Sättigungsdefizit, also die Differenz zwischen Sättigungsdampfdruck **es** und dem tatsächlichen Dampfdruck **e**, und **f(u)** ein empirischer Faktor für die Windgeschwindigkeit. Ebenso wie Wasser an die Atmosphäre abgegeben wird bewegt es sich durch Diffusion in tiefere Bodenschichten die weniger erwärmt wurden und demnach wegen der kühleren Bodenluft auch einen geringeren Dampfdruck aufweisen. Diese Diffusionsströmung wird durch das Fick´sche Gesetz $q = D_B \cdot \Delta c / \Delta x$ beschrieben, wobei **q** die Wassermenge pro Flächen- und Zeiteinheit ist die im Boden diffundiert. Der Term $\Delta c / \Delta x$ beschreibt die Änderung der Wasserdampfkonzentration **c** auf der Diffusionsstrecke **x**. Der Faktor D_B ist der Diffusionskoeffizient der alle Bodeneigenschaften beinhaltet welche die Diffusion beeinflussen wie etwa Porendurchmesser, Porenraumgliederung und Korngrößen der durchströmten Bodenbereiche.

Geht dem Boden durch Diffusion und Evaporation Wasser verloren wird es aus dem Grundwasserbereich oder aus tieferen feuchten Bodenzonen in flüssiger Form nachgeliefert. Ist die Nachlieferung ausreichend bleibt der Boden bis in die obersten Horizonte feucht und eine Austrocknung kann verhindert werden. Für Bodenlebewesen und Pflanzen ist dies lebensnotwendig. In welcher Weise diese Wasserbewegung in flüssiger Phase im Boden stattfindet und welche Faktoren sie beeinflussen wird im Folgenden genauer betrachtet.

<u>b. Wasserbewegung in flüssiger Phase</u>

Ist der komplette Porenraum, also auch alle Grobporen, von Wasser erfüllt spricht man von einem wassergesättigten Bodenporenraum. Dies ist nur in Bereichen von Grund- und Stauwasser der Fall. Die Bewegung des Wassers wird vom Gefälle der Wasseroberfläche beeinflusst und läuft ausschließlich in den groben Poren ab. Bei niedrigeren Wassergehalten wirken bereits Potenzialgradienten auf die Wasserbewegungen ein. Da im gesättigten Zustand das Wasser die einzelnen Bodenteilchen umfließen muss variiert die Fließgeschwindigkeit noch zusätzlich mit einem Durchlässigkeitsbeiwert der je nach Korngrößenverteilung und Porenraumgliederung schwankt. Es ergibt sich für die sog. Filtergeschwindigkeit $\mathbf{Vf = i \bullet kf}$, mit i = Wasserspiegelgefälle und kf = Wasserleitfähigkeit. Betrachtet man die Formel für $\mathbf{kf = r^2 / 8\eta}$ (r = Porenradius, η = Viskosität des Wassers) wird deutlich, dass ein größerer Porenraum auch höheren gesättigten Wasserfluss zur Folge hat (Abb.7)

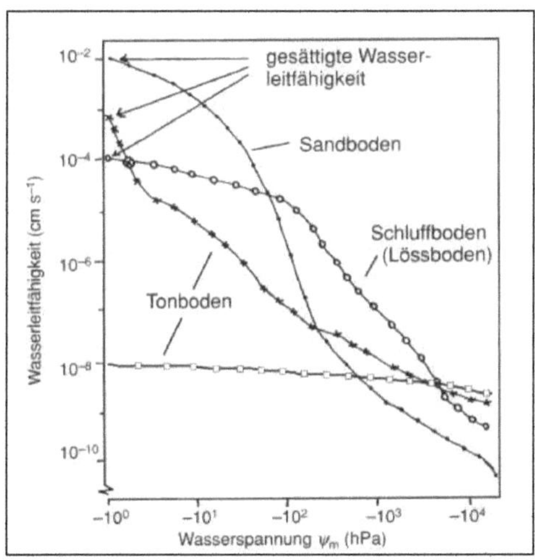

(Abb.7: Wasserleitfähigkeit verschiedener Bodenarten – Quelle: Scheffer/Schachtschabel 2002, 222)

In der Graphik wird aber auch deutlich dass sich diese Eigenschaft bei abnehmenden Wassergehalten, also bei stärker wirkendem Matrixpotenzial, umkehrt. Bei der ungesättigten Wasserbewegung sind die Grobporen nicht mehr vollständig erfüllt, die Wasserbewegung wird nun vom Matrixpotenzialgradienten ausgelöst. In der Formel von DARCY (1856) für die ungesättigte Wasserbewegung $\mathbf{Vu = -ku \bullet \Delta\Psi m / \Delta l}$ (ku = Wasserleitfähigkeit, $\Delta\Psi m / \Delta l$ = Potenzialgradient) fällt auf, dass der Wert für die ungesättigte Wasserleitfähigkeit $\mathbf{ku}$ negativ ist, bei großem Porenradius wird die Wasserleitung also insgesamt geringer als wenn die feinen Poren überwiegen. Möglich ist dies durch die Tatsache dass bei geringeren Wassergehalten dieses unter immer größerer Spannung steht. In den Grobporen die nicht mehr vollständig von Wasser erfüllt sind findet die Wasserleitung nur noch durch das Adsorptionswasser oder das in Menisken gebundene Porenwinkelwasser statt. Dabei muss jedoch höhere Energie aufgewendet werden als wenn das gesamte Porensystem an der Wasserleitung beteiligt ist. Dies ist bei feinkörnigeren Böden wie Schluff- oder Tonböden auch bei geringeren Wassergehalten noch der Fall (Abb.7). Das Porensystem aus überwiegend Mittel- und Feinporen leitet so auch noch bei geringen Wassergehalten und hohen Wasserspannungen so stark, dass sich bei pF > 4 tonreiche Böden sogar als am besten wasserführend herausstellen. Führen Tonböden auch bei niedrigen pF-Werten große Wassermengen (Abb7 - obere Linie) liegt das an einer großen Zahl von Grobporen in Form von Rissen im Oberboden die aber schnell entwässert werden und sich rasch die typische Leitfähigkeit für Tone einstellt. Die Grafik zeigt auch dass Lössböden im Bereich des pflanzenverfügbaren Wassers (pF 1,8 – 4) die beste Wasserleitung gegenüber den anderen beiden Bodenarten aufweist. Es ist dies einer der Gründe für die gute Nutzbarkeit von Lössen in der Feldbauwirtschaft.

Die eben beschriebenen Bodeneigenschaften werden bei Vorgängen der Wasseraufnahme bzw. Wasserabgabe des Bodens deutlich. Fallen Niederschläge auf einen trockenen Boden sickert das Wasser ein, man nennt dies Infiltration. Die Infiltrationsrate ist die versickernde Wassermenge pro Zeiteinheit. Als kumulative Infiltration bezeichnet man die gesamte in den Boden eingedrungene Wassermenge. Sind die Niederschläge gering sind die Mittel- und Feinporen hauptsächlich Wasser führend, es überwiegt die sog. Mikroporeninfiltration und die groben Poren bleiben von Wasser unerfüllt (Abb.8 – links). Bei starken Niederschlägen können auch die Makroporen und grobe Risse im Boden vollständig mit Wasser gesättigt werden und die Infiltrationsrate steigt aufgrund der Makroporeninfiltration stark an. Sind die groben Poren dann komplett wassererfüllt setzt an ihren Rändern ebenfalls die Infiltration in Mikroporen in den Bodenkörper ein. Die Wasserfront bei der Infiltration rückt in diesem Fall sehr viel schneller voran als bei reinem Eindringen des Wassers in die feinen Bodenporen (Abb.8 – rechts).

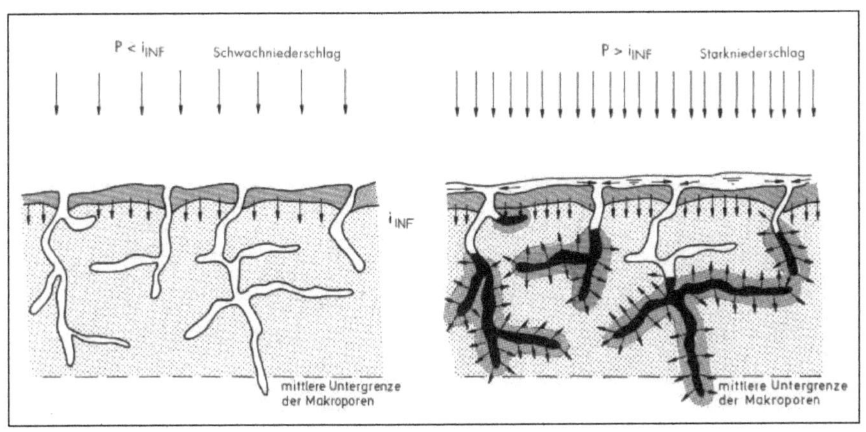

(Abb.8: Mikro- und Makroporeninfiltration – Quelle: Baumgartner/Liebscher 1996, 397)

Das infiltrierende Wasser rückt zunächst als Befeuchtungsfront im Boden vor, die Geschwindigkeit ist überwiegend von dem im trockenen Boden herrschenden Matrixpotenzial bestimmt. Nicht selten muss vor dem Einsickern zuerst ein Infiltrationswiderstand der trockenen Bodenoberfläche überwunden werden der durch Verschlämmen entstehen kann. Dabei verkleben stark abgetrocknete Bodenteilchen rasch miteinander wenn sie plötzlich mit Wasser in Berührung kommen. Die schlecht wasserdurchlässige Bodenoberfläche führt in diesem Fall zu oberflächlich abfließendem Wasser und große Erosionsverluste von Bodenmaterial sind möglich.

Zunehmend infiltrierendes Wasser bildet über der Befeuchtungsfront eine Transportzone aus in der die Wassergehalte nahezu konstant bleiben. Die Geschwindigkeit mit der die Infiltrationsfront vorrückt hängt von der Intensität der Wassernachlieferung in dieser Transportzone ab. In ihr ist die Wasserbewegung immer weniger vom Matrixpotenzial abhängig als vom Einfluss der Schwerkraft. Ist die Bewässerung von oben dauerhaft stark bildet sich über der Transportzone noch eine Übergangszone aus die das Wasser aus der vollständig erfüllten Sättigungszone in tiefere Bodenzonen überführt. Das Vorrücken des Wassers in Abhängigkeit von aufeinanderfolgenden Zeitintervallen ist in Abbildung 9 schematisch dargestellt.

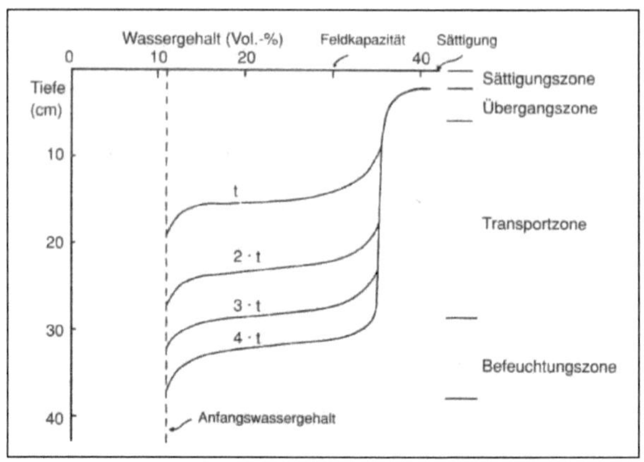

(Abb.9: Infiltrationszonen in Abhängigkeit von der Zeit t – Quelle: Scheffer/Schachtschabel 2002, 225)

Je größer der Anfangswassergehalt eines Bodens ist desto schneller dringt die Infiltrationsfront in die Tiefe vor da die leitfähigen Porenbereiche bei feuchteren Böden von Anfang an höher sind als bei vollständig ausgetrockneten. Die Zahl der leitenden Poren erhöht sich mit steigendem Wassergehalt noch mehr weil nun auch vermehrt Grobporen an der Wasserleitung beteiligt sind. Nachfolgende Infiltrationsfronten dringen deshalb schneller in den Boden ein als zu Beginn des Vorgangs und holen die ersten Fronten ein. Die Befeuchtungszone wird dadurch zusammen geschoben, die Wassergehalte werden in den tiefsten Bodenbereichen weit höher als im Bereich der vordersten Befeuchtungsfront (Abb.10 – b). Man spricht bei diesem Vorgang von einer selbstverschärfenden Befeuchtungsfront (GISI 1997).

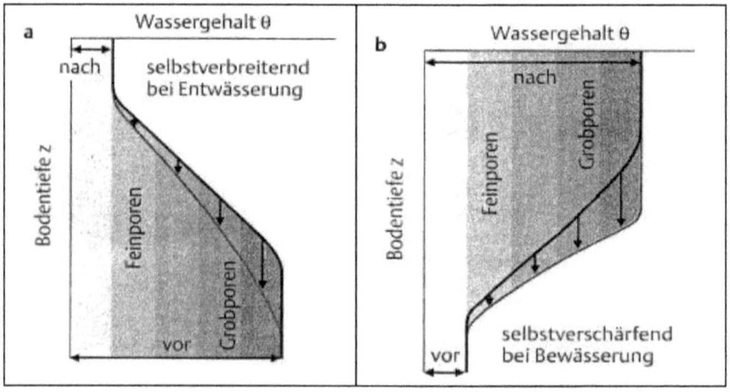

(Abb.10: selbstverbreiternde und selbstverschärfende Infiltrationsfronten – Quelle: Gisi 1997, 99)

Endet die Wasserzufuhr setzt Dränung, also die Entwässerung des Bodenporensystems ein. Das Wasser fließt zunächst rasch aus den groben Poren heraus, die feinporigen Bereiche entwässern mit einer Verzögerung. Dadurch setzt ein zur Bewässerung umgekehrter Effekt ein. Die Entwässerungsfront, die anfangs stark verschärft ist, wird immer breiter, man spricht von einer selbstverbreiternden Entwässerungsfront (Abb.10 – a).

Bisher wurden die Bewegungsvorgänge für den idealisierten Fall beschrieben dass Böden im gesamten Profil ein homogenes System darstellen. In der Natur treten sie jedoch häufig geschichtet auf so dass Korngrößen- und Porenverteilung im Bodenprofil stark variieren können. Im Folgenden soll der Einfluss von Schichtgrenzen im Boden auf das Verhalten der Wasserbewegung näher betrachtet werden.

c. Veränderungen der Wasserbewegung an Schichtgrenzen

Bei natürlichen morphologischen Vorgängen oder auch bei Prozessen der Bodenbildung bilden sich Schichten mit verschiedenen Eigenschaften im Boden heraus. Überlagern sich Schichten mit verschiedenen Korngrößenverteilungen oder Bodeninhaltsstoffen ändern sich auch die Porenräume und ihre Verteilung sprunghaft. Je nach Lage der Schichten zueinander werden Wasserflüsse auf verschiedene Weise beeinflusst. Im Beispiel in Abbildung 11 lagert eine durchlässigere Schicht (lehmiger Sand) auf einer Schicht die bei gegebenen Wasserspannungen weniger leitfähig ist (Schotter). Dies entspricht z.B. der Situation wenn Flüsse bei Überschwemmungen sandiges Material über Schotterflächen ablagern da sie den Sand bei abnehmender Geschwindigkeit nicht weiter transportieren können.

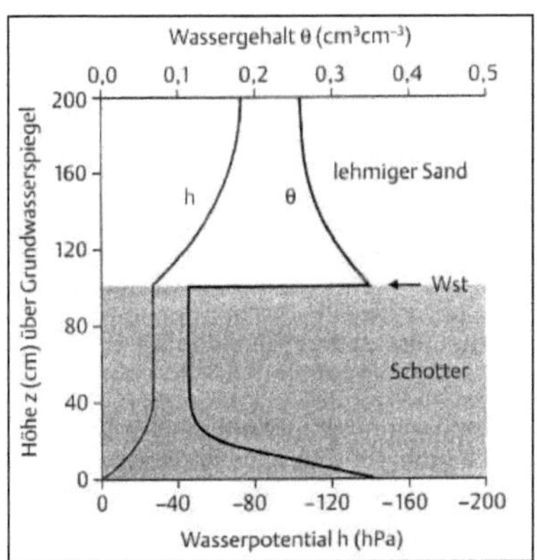

(Abb.11: Stauhorizont an einer Schichtgrenze – Quelle: Gisi 1997, 101)

Der geringe Anteil an Feinporen führt im Schotter bereits bei Wasserspannungen unter −10hPa zu einer deutlich verringerten Wasserleitfähigkeit. Es kommt zu einem Wasserstau an der Schichtgrenze und zu einer deutlichen und sprunghaften Abnahme des Wassergehalts an der Obergrenze der Schotterschicht. Eine solche Schichtung führt dazu dass die Wasserversorgung für Pflanzen auf Sandböden besser ist als ohne die stauende Grenzschicht, als Standort für Vegetation wirkt sie also fördernd.

Ist die Situation umgekehrt, liegt also die besser leitfähige Schicht unter der Schicht mit geringerer Wasserleitung, wird die obere von ihrem unteren Rand her entwässert. Liegt in der Schicht mit geringerer Wasserleitung eine Stauwasserschicht vor, wie etwa bei einem Pseudogley, so entsteht an deren Unterseite ein sog. hängender Wasserspiegel. Der Wassergehalt nimmt nach unten sprunghaft ab weil das Wasser aus der gesättigten Stauwasserzone sehr schnell in den Unterbodenbereich abfließen kann.

Im Falle von kapillarem Aufstieg sind die Einflussfaktoren ähnlich. Liegt eine Schicht mit gröberen Poren über einer mit engeren findet in der überlagernden Schicht ein geringerer kapillarer Aufstieg statt, der Wassergehalt wird an der Schichtgrenze nach oben hin plötzlich geringer. Im Wurzelraum von Pflanzen kann es zudem dazu kommen dass kapillarer Aufstieg und Infiltration zusammenkommen und das Wasser in einer Ebene von Oben und unten zusammenfließt so dass eine Wasserscheide im Boden entsteht, im gegebenen Beispiel im Bereich des Wurzelraumes (Wz) (Abb.12).

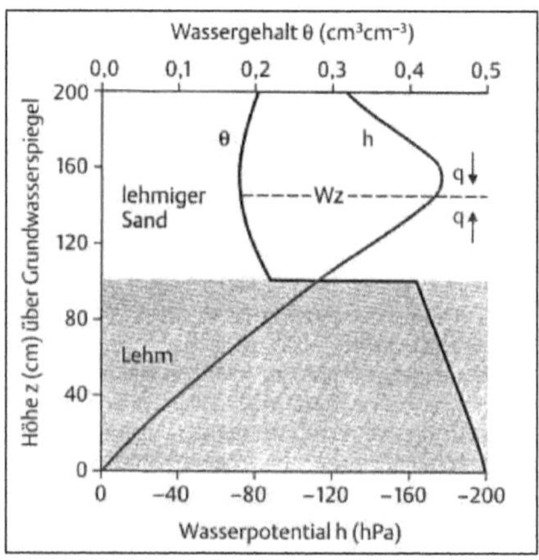

(Abb.12: kapillarer Aufstieg an einer Schichtgrenze - Quelle: Gisi 1997, 102)

IV. Jahresgang des Bodenwasserhaushalts

a. Bodenwasserhaushaltsgleichung

In der Gleichung $N = A + V + (R - B)$ sind die wesentlichen Bestandteile zusammengefasst die zu Wassergehaltsänderungen im Boden beitragen. Dabei ist N die Niederschlagshöhe (mm) im betrachteten Gebiet, A die Höhe des Abflusses der das System wieder verlässt. Die Verdunstungsverluste V werden untergliedert in Evaporation, Transpiration von Pflanzen und die direkte Verdunstung von Blattoberflächen noch bevor dass das Wasser den Boden erreichen kann (Interzeption). Die Rücklage R stellt die Wassermenge (mm) dar die im Boden über eine gewisse Zeitspanne gespeichert werden kann, wovon die Wassermenge die aus diesem Speicher verbraucht wird (B) abgezogen werden muss. $(R - B)$ stellt also die Vorratsänderung des Wassers dar. Über lange Zeiträume ist sie in der Bodenwasserhaushaltsgleichung jedoch zunehmend vernachlässigbar (KUNTZE/ROESCHMANN/SCHWERDTFEGER 1997, 188). Ist der direkte Abfluss ebenfalls vernachlässigbar klein ergibt sich für den Wasserumsatz im Boden eine Funktion aus Niederschlag und Verdunstung, man bezeichnet diese als klimatische Wasserbilanz des Bodens. In einem ausgeglichenen System aus Zu- und Abflüssen ergibt sich dafür $N + V = 0$ bzw. $N = V$.

b. Jahresgang arider und humider Gebiete

In ariden Gebieten überwiegt die Verdunstung im Jahresgang gegenüber den Niederschlagsmengen (N<V), für eine Nutzung des Bodens ist hier Bewässerung nötig. Wie stark ein Boden durch Evaporation austrocknen kann hängt dabei maßgeblich von den jeweiligen Durchlässigkeitswerten der oberen Bodenschichten ab. In humidem Klima kehrt sich die Beziehung von Niederschlägen zu Verdunstungsmengen im Jahresmittel um (N>V). Um den Boden nutzbar zu machen muss er entwässert werden weil die übermäßige Feuchte sonst zu Schädigungen der Pflanzen wie etwa Wurzelfäule führen kann. Überwiegt bei unzureichenden Drainagemaßnahmen die Wasserzufuhr sehr stark übersteigt sie das Aufnahmevermögen des Bodens und ein Teil des Niederschlags fließt in Form von Oberflächenabfluss dem topographischen Gefälle folgend ab ohne den Wasserhaushalt des Bodens zu beeinflussen. Zur Wassersättigung des Bodenkörpers tritt hier die Gefahr von Erosionsverlusten an der Bodenoberfläche hinzu. Abspülung nährstoffreicher Oberbodenhorizonte mindern dabei zusätzlich die Ertragsfähigkeit agrarisch genutzter Böden. Die Tiefenverteilung der im Boden enthaltenen Wassermengen ist neben der Beziehung von

N zu V auch stark von den Bodenspezifischen Potenzialgradienten und der Pflanzendecke abhängig, wie das folgende Beispiel eines Pseudogleys in Nordwestdeutschland zeigt (Abb.13). Betrachtet werden die pF-Werte der verschiedenen Tiefenbereiche und ihr Zusammenhang mit den auftretenden Niederschlägen im Jahresverlauf (SCHEFFER/SCHACHTSCHABEL 2002, 233f.).

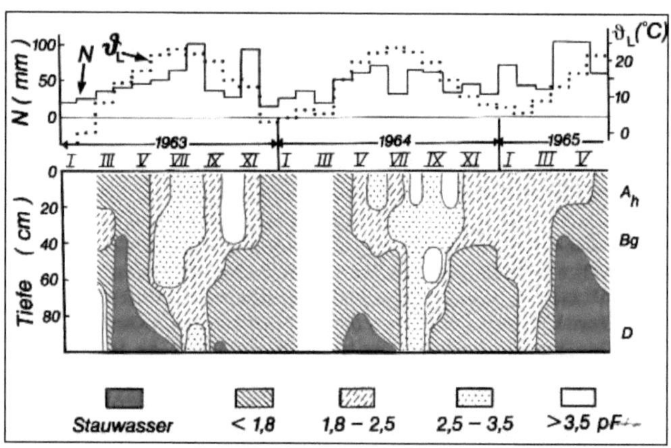

(Abb.13: Jahresgang des Wasserhaushalts eines Pseudogleys - Quelle: Scheffer/Schachtschabel 2002, 233)

Es werden hier die Bodenwasserverhältnisse mehrerer Jahre miteinander verglichen. Trotz schwankender Niederschlags- und Temperaturverhältnisse im Jahresverlauf verhalten sich die Wasserspannungen bezüglich der Bodentiefe ähnlich. Herbstniederschläge werden wegen der hohen Wasserspannung im Oberboden am Eindringen in tiefere Schichten gehindert, es sind größere Wassermengen nötig um das Matrixpotenzial soweit zu erhöhen dass sich ein hydraulischer Gradient in Richtung des Grundwassers einstellen kann. Dies ist dann im Frühjahr der Fall wenn Schneeschmelze den Oberboden ausreichend befeuchtet. Im Bereich des Wasserstauenden Horizonts bildet sich dann eine gesättigte Zone aus. Im Sommer stellen sich im oberen Bereich pF-Werte von über 2,5 ein da neben Evaporation die Pflanzen dem Boden Wasser entziehen und Niederschläge abhalten bzw. diese direkt von ihren Blattoberflächen wieder verdunsten. Vergleicht man die Sommermonate von 1963 mit 1964 erkennt man dennoch wieder die klimatischen Einflüsse auf den Bodenwasserhaushalt. Wasserspannungen im Bereich der FK stellen sich im Jahr mit geringeren Niederschlägen (´64) im Oberbodenbereich bereits ende April ein, rund einen Monat früher als noch ein Jahr zuvor. In tieferen Bereichen setzt sich die Austrocknung dann deutlicher fort so dass sich großräumig zusammenhängend bis in tiefste Bodenbereiche Werte von pF > 2,5 einstellen. Das geringe Wasserangebot und die hohen Saugspannungen im Oberbodenbereich verhindern das Vordringen des Wassers bis zum Stauhorizont und gesättigte Stauwasserbereiche bleiben im insgesamt trockeneren Jahr nahezu aus.

In ariden Gebieten sinkt der klimatische Einfluss auf den Bodenwassergehalt auf ein Minimum. Der Wasserhaushalt wird hier überwiegend vom Substrat und dem damit verbundenen Wasserspeicherungsvermögen bestimmt. Die Beziehung zwischen Korngrößenverteilung und Feuchtegrad des Bodens kehrt sich hier im Vergleich zu humiden Erdteilen nahezu um. Während ein toniger Boden bei ausreichend Niederschlägen das gebundene Wasser länger und tiefgründiger speichert als beispielsweise ein Sandboden, also auch über lange Zeit feucht bleibt, steigt in ariden Klimaten die Bodenfeuchte mit den Korngrößen an. Wie das zustande kommt zeigt die Abbildung 14.

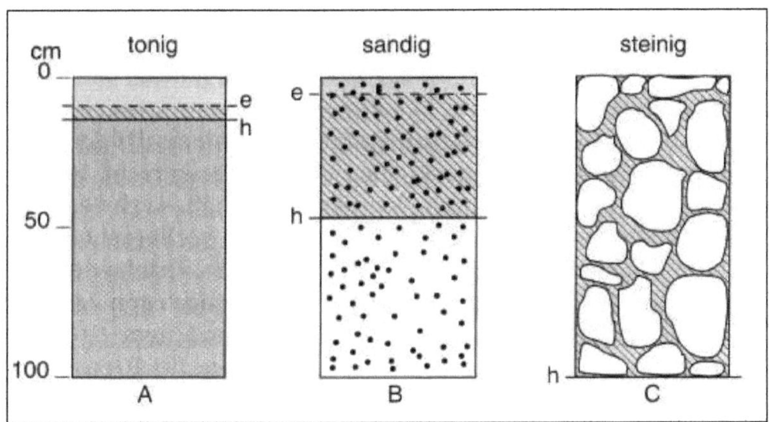

(Abb.14: Wasserspeicherung verschiedener Bodenarten in aridem Klima - Quelle: Walter/Breckle 1999, 233)

Es ist **h** die Untergrenze der Befeuchtung, also wie weit das Wasser in den Untergrund eindringen kann, und **e** die Grenze bis zu der der Boden bei Evaporation wieder Wasser abgibt. Bedingt durch die höhere Wasserspannung in feinkörnigen Böden dringt das Wasser im tonigen Boden nur sehr wenig ein, im sandigen Untergrund schon bedeutend weiter und größte Tiefen erreicht es bei sehr lockerem, in diesem Falle steinigem, Boden mit großen Zwischenräumen. Wenn nun der Ton- und der Sandboden in etwa die gleiche Schichtdicke Wasser an der Oberfläche wieder abgeben verbleibt im Sand prozentual weit mehr des insgesamt eingedrungenen Wassers als im feinkörnigen Ton (Bereiche zwischen e und h). Der

Standort mit dem gröberen Substrat, und demnach auch dem größeren Anteil an Grobporen, bleibt also länger feucht und bietet auch bessere Eigenschaften für das Pflanzenwachstum. Im Jahresgang sind die Veränderungen der Bodenwasserverhältnisse weit weniger komplex als in feuchteren Breiten da hier der Jahreszeiteneinfluss sehr gering ist bzw. nahe dem Äquator komplett entfällt. Die Wassermengen im Boden schwanken saisonal mit dem Auftreten von Regen- und Trockenzeiten. In den äußeren Tropen tritt demnach zweimal im Jahr eine höhere Durchfeuchtung des Oberbodens auf, in den inneren Tropen einmal. Ein Vordringen bis in tiefere Bodenschichten geschieht aufgrund zu hoher Wasserspannungen im sehr trockenen Boden überhaupt nicht.

Fazit

Die Bodenbildung ist neben chemischen Umwandlungsprozessen maßgeblich von der Verlagerung der im Boden enthaltenen bzw. sekundär gebildeten Stoffe beeinflusst. Diese Verlagerungsprozesse werden durch die Bewegungen des Wassers im Bodenkörper ausgelöst und je nach Intensität der Bewegungen auch unterschiedlich stark gesteuert. Die auftretenden Bindungsenergien und Potenzialgradienten beeinflussen also maßgeblich welcher Bodentyp sich unter welchen klimatischen oder pedogenetischen Vorraussetzungen entwickeln kann. Je nach Klimaregion treten also für die vorherrschenden Faktoren typische Böden auf. Das Wissen um Wasserspeicherungsvermögen und die herrschenden Wasserspannungen sind außerdem für agrarwirtschaftliche Belange von größter Bedeutung. Dabei ist es wichtig zu wissen ob bei gegebenen Bodeneigenschaften, klimatischen Verhältnissen und gewünschter Fruchtform Be- bzw. Entwässerungsmaßnahmen nötig werden um optimale Erträge zu erzielen.

Literaturverzeichnis:

BAUMGARTNER, A./LIEBSCHER, H.-J. (1996): Allgemeine Hydrologie - quantitative
    Hydrologie. 2. Auflage.- Borntraeger, 694 S., Berlin-Stuttgart

BUNDESANSTALT FÜR GEOWISSENSCHAFTEN UND ROHSTOFFE (Hg.) (2005):
    Bodenkundliche Kartieranleitung. 5. verbesserte und erweiterte Auflage.
    E. Schweizerbartsche Verlagsbuchhandlung, 438 S., Stuttgart

GISI, ULRICH (1997): Bodenökologie. 2. neubearbeitete und erweiterte Auflage.- Thieme,
    351 S., Stuttgart/New York

KUNTZE, H./ROESCHMANN, G./SCHWERDTFEGER, G. (1994): Bodenkunde. 5.
    neubearbeitete und verbesserte Auflage.- UTB Verlag, 424 S., Stuttgart

LESER, H. (Hg.) (2001): Wörterbuch Allgemeine Geographie. 12. Auflage.- DTB und
    Westermann Verlag, München

SCHEFFER, F./SCHACHTSCHABEL, P. (2002): Lehrbuch der Bodenkunde. 15.Auflage.
    - Spektrum Verlag, 593 S., Heidelberg

WALTER, H./BRECKLE, S.-W. (1999): Vegetation und Klimazonen. 7.Auflage.- UTB
    Verlag, 544 S., Stuttgart

WILHELM, F. (1997): Das geographische Seminar: Hydrogeographie. 3. verbesserte
    Auflage.- Westermann, 225 S., Braunschweig

Internetquellen:

http://hypersoil.uni-muenster.de/0/00.htm